Colloquia Academica

Angela Thränhardt

Schneller als das Licht?

Wie man Licht beschleunigen und abbremsen kann

Colloquia Academica

Akademievorträge junger Wissenschaftler

Herausgegeben von der Akademie der Wissenschaften und der Literatur, Mainz, in Verbindung mit der Johannes Gutenberg-Universität Mainz und dem Ministerium für Bildung, Wissenschaft, Jugend und Kultur des Landes Rheinland-Pfalz, Mainz

Reihe: Naturwissenschaften N 2007

AKADEMIE DER WISSENSCHAFTEN UND DER LITERATUR

Abhandlungen der
Mathematisch-naturwissenschaftlichen Klasse
Jahrgang 2010 • Nr. 1

Angela Thränhardt

Schneller als das Licht?
Wie man Licht beschleunigen und abbremsen kann

AKADEMIE DER WISSENSCHAFTEN UND DER LITERATUR • MAINZ
FRANZ STEINER VERLAG • STUTTGART

Vortrag im Rahmen der Veranstaltungsreihe *Colloquia Academica* am 20. April 2007.

Bibliografische Information Der Deutschen Nationalbibliothek

Die Deutsche Nationalbibliothek verzeichnet diese Publikation in der Deutschen Nationalbibliografie; detaillierte bibliografische Daten sind im Internet über <*http://dnb.d-nb.de*> abrufbar.

ISBN: 978-3-515-09726-0

Umschlaggestaltung: die gestalten. Joachim Holz, Mainz
Druck: RDW Druckservice GmbH, Alzey
Gedruckt auf säurefreiem, chlorfrei gebleichtem Papier

Printed in Germany

1. Einführung[1]

Mitte bis Ende des 19. Jahrhunderts schien die Physik abgeschlossen, alle wesentlichen Phänomene wirkten bekannt und erklärt. Dies wurde auch dem Schüler Max Planck gesagt, als er sich 1874 bei Philipp von Jolly, Physiker und Freund der Familie Planck, nach den Aussichten eines Physikstudiums erkundigte, da er sich zwischen diesem, einem Studium der Musik oder aber der Altphilologie zu entscheiden versuchte. Diese typische konservative Einstellung prägte damals die gesamte Physik. Zwar war die zweite Hälfte des 19. Jahrhunderts von dynamischen technischen Entwicklungen insbesondere in der Elektroindustrie bestimmt, diese erfolgten jedoch auf der Basis von bekannten Theorien.

Nichtsdestotrotz gab es einige ungelöste Probleme in der Physik. Eines davon war der Nachweis des Äthers, des Trägermediums des Lichts. Dass er existiere, wurde allgemein angenommen – nachweisen konnte ihn trotz vieler Bemühungen niemand.

Warum glaubte man überhaupt an die Existenz des Äthers? Zur Erklärung muss man etwas weiter ausholen: Im Unterschied zu Schallwellen kann sich Licht auch durch den luftleeren Raum ausbreiten. Sein Wellencharakter war deshalb lange in Zweifel gezogen worden, ja in der Antike ging eine Theorie sogar davon aus, dass Licht vom Auge emittiert wird und eine unendlich hohe Ausbreitungsgeschwindigkeit habe, da man selbst die weit entfernten Sterne ohne Zeitverzögerung sehen könne.

Erste Messungen der Lichtgeschwindigkeit stellte Galileo Galilei um 1600 an, indem er selbst und ein Gehilfe jeweils mit Laternen auf zwei Hügeln standen. Der Gehilfe hatte die Aufgabe, ein von Galilei gegebenes Signal unverzüglich zurückzugeben. Nach Abzug der Reaktionszeit des Gehilfen sollte sich dann aus der Zeit zwischen Aussendung und Rückempfang des Signals die Lichtgeschwindigkeit berechnen lassen. Es war dies eine Methode, die Galilei für die Messung der Schallgeschwindigkeit bereits erfolgreich angewandt hatte. Im Falle des Lichts jedoch verblieb nach Abzug der Reaktionszeit keine messbare Zeitdifferenz zwischen Aussendung und Empfang des Signals, die Lichtgeschwindigkeit war also entweder unendlich oder aber zu groß, um mit dieser Methode gemessen zu werden.

---

1 Ich möchte mich bei allen bedanken, ohne die dieser Artikel nicht hätte zustande kommen können, insbesondere bei Frau Renate Schmid und Frau Dorothee Misselwitz für ihre Hilfe bei der Erstellung der Abbildungen.

Im Jahre 1676 beobachtete der Astronom Ole Rømer den Umlauf des Jupitermonds Io und bemerkte Unregelmäßigkeiten, die sich jährlich wiederholten und die er auf eine endliche Lichtgeschwindigkeit zurückführte. Hieraus berechnete Christiaan Huygens die Lichtgeschwindigkeit zu 230.000 km/s und lag damit bereits in der richtigen Größenordnung, wobei Ungenauigkeiten v.a. durch die inkorrekten Angaben der kosmischen Abstände auftraten. Die erste irdische Messung der Lichtgeschwindigkeit gelang Armand Fizeau 1849, indem er Licht durch ein sich drehendes Zahnrad auf einen mehrere Kilometer entfernten Spiegel schickte und die Drehfrequenz des Rades so einstellte, dass das Licht auf seinem Rückweg wieder durch eine Lücke des Zahnrads fiel. Mit dieser Methode gab es also keine kosmischen Entfernungen in der Rechnung, die sich nur sehr ungenau abschätzen ließen wie beispielsweise die Entfernung Erde-Jupiter. Fizeau kam denn auch auf einen Wert von 315000 km/s, also eine Abweichung von lediglich 5 % gegenüber dem exakten Wert.

Intensive Diskussionen entbrannten auch darum, ob Licht Wellen- oder Teilchencharakter habe. Im 18. Jahrhundert propagierte Isaac Newton intensiv die Korpuskel- oder Teilchentheorie und setzte dabei durch sein hohes Ansehen seine Ansicht gegenüber der Wellenhypothese durch. Als aber Thomas Young 1802 experimentell Interferenzerscheinungen zeigen konnte, schien klar, dass Licht eine Welle sein musste. Interferenz ist die Eigenschaft von Wellen, sich gegenseitig zu verstärken oder aber auszulöschen. Trifft ein Wellenberg auf einen Wellenberg, so verdoppelt sich die Amplitude der Welle; trifft hingegen ein Berg auf ein Tal, so löschen sich beide im Extremfall komplett gegenseitig aus, siehe auch Abb 1. Young teilte nun einen Lichtstrahl in zwei Teile und erhielt ein Streifenmuster, ein sicheres Zeichen für Interferenz und der Todesstoß für die Korpuskeltheorie.

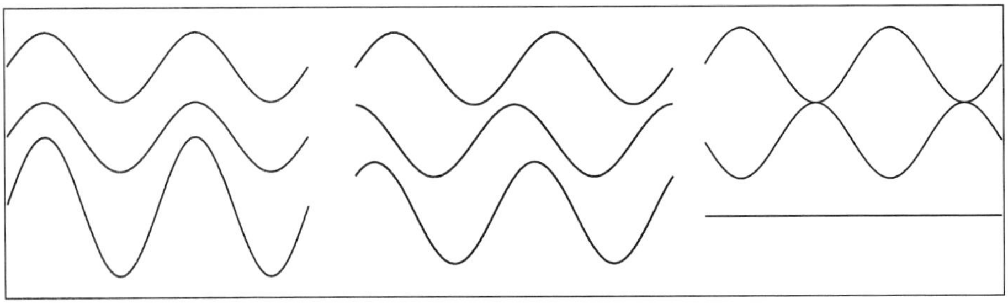

Abb. 1: Interferenz von Wellen. Trifft jeweils Wellenberg auf Wellenberg sowie Wellental auf Wellental, so ist die resultierende Amplitude die Summe der Amplituden der ursprünglichen Wellen, d.h. die Wellen überlagern sich konstruktiv (links). Trifft dagegen Wellenberg auf Wellental, so verringert sich die Amplitude bis zur vollständigen gegenseitigen Auslöschung beider Wellen, die Wellen interferieren destruktiv (rechts). Die Abbildung in der Mitte zeigt eine Phasendifferenz der Wellen zwischen den beiden Extremfällen.

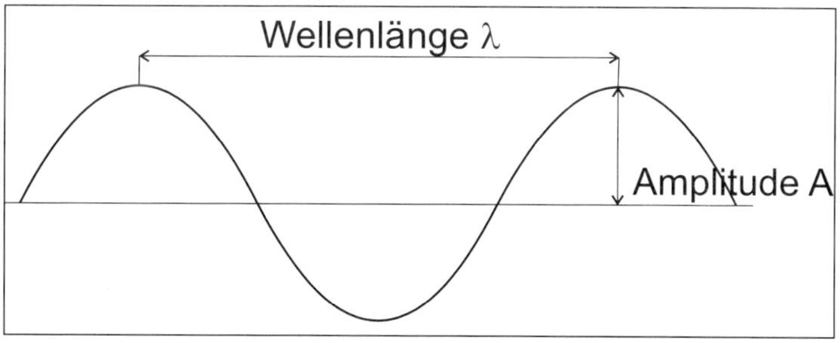

Abb. 2: Typische Welleneigenschaften. Die Wellenlänge λ ist der Abstand zwischen zwei aufeinanderfolgenden Wellenbergen oder -tälern. Die Amplitude A ist die Höhe der Wellenberge. Eine weitere, hier nicht dargestellte wichtige Eigenschaft ist die Frequenz, d.h. die Anzahl der Wellenberge an einem festen Ort pro Zeit.

Jeder, der schon einmal aufs Meer hinausgeblickt hat, weiß, dass es verschiedene Arten von Wellen gibt: kleine und große, schnelle und langsame, eng beieinanderliegende und weit voneinander entfernte. Hier sind typische Welleneigenschaften illustriert, die sich auch beim Licht wiederfinden: Amplitude, Frequenz und Wellenlänge. Diese werden in Abb. 2 gezeigt. Die Amplitude A misst die Höhe der Wellenberge. Die Wellenlänge λ ist der Abstand zwischen zwei aufeinanderfolgenden Wellenbergen. Die Frequenz f misst die Anzahl von Wellenbergen, die an einem bestimmten Ort pro Zeit gemessen werden. Wenn also zum Beispiel alle 5 Sekunden eine Welle auf den Strand rollt, ergibt sich eine Frequenz von 1/5=0.2 pro Sekunde. Da die Wellen den räumlichen Abstand λ haben, lässt sich ihre Geschwindigkeit v aus Wellenlänge und Frequenz berechnen nach

$$v = \lambda f . \tag{1}$$

Bei Wasserwellen ist die Geschwindigkeit u.a. abhängig von der Wassertiefe; die Vakuumlichtgeschwindigkeit c ist hingegen, wie wir noch sehen werden, eine universelle Konstante, sodass man bei Licht Wellenlänge und Frequenz eindeutig ineinan-

Gamma-strahlung	Röntgen-strahlung	Ultraviolette Strahlung	Licht (400-700 nm)	Infrarot-strahlung	Mikro-wellen	Radio-wellen

zunehmende Wellenlänge →

← zunehmende Frequenz

Abb. 3: Das elektromagnetische Spektrum reicht von Gammastrahlung im hochfrequenten und kurzwelligen über Röntgenstrahlung, ultraviolettes, sichtbares und infrarotes Licht bis hin zu Mikro- und Radiowellen.

der umrechnen kann. Heute wissen wir, dass Licht eine elektromagnetische Welle ist, die Teil eines von extrem kurzwelliger Höhen- und Gammastrahlung bis zu Radiowellen reichenden Spektrums ist. Jede Lichtfarbe lässt sich einer bestimmten Frequenz und Wellenlänge zuordnen, wobei sichtbares Licht bei Wellenlängen von 400-700 nm liegt.

Seit Anfang des 19. Jahrhunderts kannte man also den Wellencharakter des Lichts; da aber alle bekannten Wellen ein Trägermedium benötigten und Licht sich offensichtlich auch durch den luftleeren (Welt-)Raum ausbreiten konnte, postulierte man den sogenannten Äther, der den luftleeren Raum ausfüllen und als Trägermedium für elektromagnetische Wellen, zu denen das Licht gehört, dienen sollte. Da der Äther allerdings dadurch gekennzeichnet sein würde, dass er nicht mit Materie wechselwirkte, bediente sich der Nachweis eines Tricks: Seit Jahrhunderten waren die Gesetze der Wellenausbreitung bekannt, die sich beispielsweise an Wasserwellen gut beobachten lassen. Betrachtet man ein strömendes Gewässer, beispielsweise einen Fluss, so ist leicht zu sehen, dass sich Wellen je nach Strömungsgeschwindigkeit des Wassers verschieden schnell ausbreiten. Diese Tatsache ist keineswegs nur auf Wellen beschränkt; am leichtesten verständlich ist sie, wenn man wie in Abb. 4 gezeigt einen Schwimmer betrachtet, der mit der Strömung schneller schwimmen kann als gegen die Strömung. Berechnet man jetzt die Zeit, die dieser Schwimmer im strömenden Gewässer für Hin- und Rückweg entlang einer gewissen Strecke, beispielsweise 100 m, benötigt, so ist sie davon abhängig, ob die Strecke parallel oder quer zur Strömung oder natürlich in einem beliebigen anderen Winkel liegt.

Genau diesen Effekt dachte auch Albert Abraham Michelson 1881 auszunutzen, um den Äther nachzuweisen. Der Gedanke war, dass ein Lichtstrahl sich mit unterschiedlicher Geschwindigkeit bewegen müsse, je nachdem, ob er sich quer oder längs zum sogenannten »Ätherwind« ausbreite, der analog zum Fahrtwind durch die Bewe-

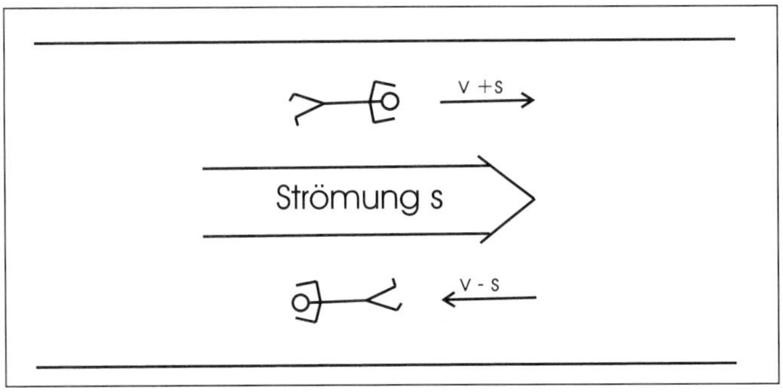

Abb. 4: Ein Schwimmer, der sich relativ zum mit der Geschwindigkeit s strömenden Wasser mit der Geschwindigkeit v bewegt, bewegt sich relativ zum Ufer mit der Geschwindigkeit $v+s$, wenn er mit der Strömung schwimmt, aber nur mit $v-s$, falls er gegen die Strömung ankämpft.

gung der Erde im Äther entsteht. Vom Äther nahm man an, dass er relativ zum Fixsternhimmel ruhe, während die Erde sich relativ zu den Fixsternen, also beispielsweise der Sonne, mit einer Geschwindigkeit von etwa 30 km/s bewegt. Obwohl der dadurch erwartete Zeitunterschied wegen des hohen Wertes der Lichtgeschwindigkeit von $c = 300000$ km/s sehr klein war, nämlich in der Größenordnung von 10^{-12} s, müsste er sich durch Beobachtung des Interferenzbildes der Lichtwellen nachweisen lassen. Da die Lichtwellenlänge im Bereich von einigen Hundert Nanometern liegt, lassen sich durch Betrachten der Interferenzmuster auch äußerst kleine Gangunterschiede beobachten. Durch Drehen der Apparatur ändert sich nun die Richtung des Ätherwinds und damit das erwartete Interferenzmuster. Obwohl Michelson 1887 zusammen mit Morley das Experiment in verfeinerter Form nochmals durchführte, gelang der Nachweis des Äthers nicht.

Es bedurfte aber des revolutionären Charakters eines Albert Einstein, um den richtigen Schluss daraus zu ziehen: Dass nämlich der Äther nicht existiere. Hierdurch ergeben sich allerdings eine Vielzahl von Fragen, denn wie oben beschrieben ist es für Wellen in Materie durchaus ein Unterschied, ob sie sich in einem ruhenden oder bewegten Medium befinden. Eine wichtige Frage in der Physik ist stets der korrekte

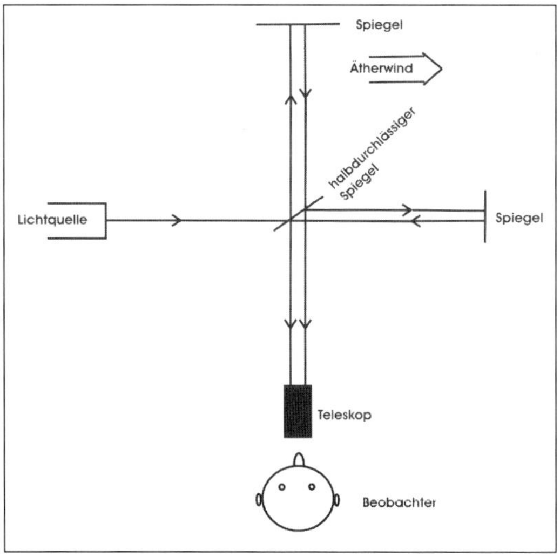

Abb. 5: Experiment von Michelson und Morley zum Nachweis des Äthers. Da der Äther das Trägermedium von elektromagnetischen Wellen, also auch Licht, sein sollte, dachte man ihn über Laufzeitdifferenzen des Lichtes parallel und quer zum sogenannten Ätherwind, der durch die Bewegung der Erde durch den Weltraum entsteht, nachzuweisen. Durch Drehen der gesamten Apparatur wird die Richtung der Arme zum Ätherwind und damit die Laufzeit in beiden Armen verändert. Die winzigen Laufzeitdifferenzen müsste man durch eine Änderung des Interferenzbildes nachweisen können, das der Beobachter durch ein Teleskop erkennen kann. Der Nachweis scheiterte jedoch wiederholt, woraus Einstein dann später schloss, dass der Äther nicht existiere.

Wechsel zwischen Bezugssystemen. Beispielsweise resultiert der Fahrtwind allein daraus, dass man aus einem relativ zur Erde ruhenden in ein relativ zur Erde bewegtes Bezugssystem wechselt, das dann wiederum relativ z.B. zu einem fahrenden Zug ruht. Ein weiteres Beispiel wird in Abb. 6 gezeigt: Zwei Personen werfen in unterschiedlichen Bezugssystemen einen Ball gerade in die Luft. Der von der Person auf dem gleichförmig bewegten Wagen hochgeworfene Ball beschreibt für den ruhenden Beobachter eine Parabelbahn, da sich die (waagerechte) Geschwindigkeit des Wagens vektoriell zu der (senkrechten) des Balls addiert. Diese Transformation durch Addition von Geschwindigkeiten heißt auch Galilei-Transformation. Wichtig ist, dass im gleichförmig bewegten Bezugssystem die gleichen Naturgesetze wie in einem relativ zur Erde ruhenden gelten, die sogenannte Galilei-Invarianz. Alle Naturgesetze der klassischen Physik sind galilei-invariant formuliert. Der Übergang von einem Koordinatensystem in ein anderes erfolgt durch Addition von Geschwindigkeiten, d.h. geht beispielsweise ein Mensch mit 5 km/h in Fahrtrichtung durch einen mit 50 km/h fahrenden Zug, so ist die Geschwindigkeit des Menschen relativ zum Bahndamm 55 km/h.

Eine ähnliche Rechnung müsste natürlich auch für die Lichtgeschwindigkeit gelten, d.h. eine Lampe, die relativ zum erwähnten Zug Licht mit der Lichtgeschwindigkeit c aussendet, täte dies relativ zum Bahndamm in Vorwärtsrichtung mit der Geschwindigkeit $c+50$ km/h und in Rückwärtsrichtung mit der Geschwindigkeit $c-50$ km/h. Da Licht aber ohne Äther kein Medium besitzt, relativ zu dem ein Bezugssystem ruhen oder sich bewegen kann, ist nicht einzusehen, dass es sich in verschiedene Richtungen mit verschiedenen Geschwindigkeiten ausbreiten sollte. Vor diesem Problem stand also Einstein, als er die Existenz des Äthers negierte. Er kam

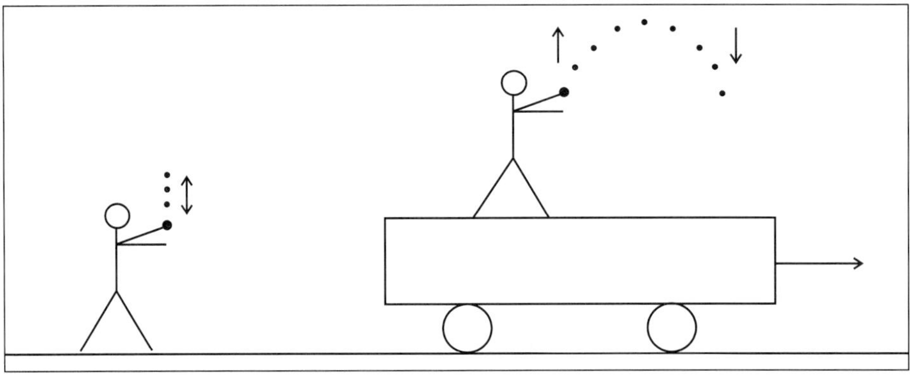

Abb. 6: Ballspiele in verschiedenen Bezugssystemen. Beide Personen werfen den Ball jeweils in ihrem Ruhesystem hoch. Für die rechte, ruhende Person bleibt es bei der Bewegung, während sich für die linke, auf einem gleichförmig bewegten Wagen stehende Person die Geschwindigkeit des Wagens zu der des Balles addiert und dieser in Summe eine Parabelbahn beschreibt.

daraufhin zu einer zweiten revolutionären These, nämlich der, dass die Vakuumlichtgeschwindigkeit c in jedem Bezugssystem und in alle Richtungen gleich sei. Obwohl dies zunächst harmlos klingt, sieht man doch an obigem Beispiel, dass es unter den herkömmlichen Newtonschen Transformationen zwischen Bezugssytemen, bei denen Geschwindigkeiten addiert werden, unmöglich ist. In der Tat lässt sich eine Konstanz der Lichtgeschwindigkeit nur realisieren, wenn die Transformation zwischen Koordinatensystemen Raum und Zeit variiert. Die Geburtsstunde der speziellen Relativitätstheorie hatte geschlagen.

Es ist heute weithin bekannt und experimentell untermauert, dass sich bei einer Bewegung mit Geschwindigkeiten nahe der Lichtgeschwindigkeit Raum und Zeit verändern. Wir finden die sogenannte Zeitdilatation[2]

$$\Delta t' = \frac{\Delta t}{\sqrt{1-\frac{v^2}{c^2}}} \tag{2}$$

und Längenkontraktion

$$l' = l\sqrt{1-\frac{v^2}{c^2}}. \tag{3}$$

Hierbei ist v die Geschwindigkeit des bewegten Bezugssystems relativ zu einem ruhenden. Δt und $\Delta t'$ sind Zeiträume im ruhenden und bewegten Bezugssystem, l und l' entsprechend Längen in den beiden Systemen. Betrachtet man von einem ruhenden Bezugssystem aus ein schnell bewegtes, so erscheinen die Vorgänge dort also langsamer abzulaufen und Längen erscheinen verkürzt. Es lässt sich beispielsweise messen, dass die Zerfallszeit von μ-Mesonen in der kosmischen Strahlung wesentlich länger ist als erwartet. Dies erklärt sich daraus, dass sich diese annähernd mit Lichtgeschwindigkeit bewegen ($v \approx 0.994c$) und dass eine Uhr im mitbewegten Bezugssystem etwa auf ein Neuntel verlangsamt wäre,

$$\Delta t' = \frac{\Delta t}{\sqrt{1-\frac{(0.994c)^2}{c^2}}} \approx \frac{\Delta t}{9.14}. \tag{4}$$

Die Zeit einer mitbewegten Uhr nennt sich Eigenzeit eines Bezugssystems und ist eine sogenannte Lorentzinvariante, d.h. gleich der Lichtgeschwindigkeit ändert sie sich beim Übergang auf ein anderes Bezugssystem nicht.

Die Relativitätstheorie widerspricht zunächst, ebenso wie in früheren Zeiten schon das heliozentrische Weltbild, jeglicher Primärerfahrung. Natürlich wurde sie deshalb intensiv diskutiert, und es wurde auf scheinbare Paradoxa hingewiesen. Be-

2 Eine Herleitung der Formeln findet sich in den Standardlehrbüchern der theoretischen Physik, siehe zum Beispiel W. Nolting, Grundkurs Theoretische Physik 4: Spezielle Relativitätstheorie, Thermodynamik, Springer-Verlag, Berlin 2005.

trachten wir beispielsweise zwei Koordinatensysteme S und S', die sich gegeneinander mit hoher Geschwindigkeit bewegen. Der Beobachter im System S definiert sein System als das ruhende und sieht die Uhren in S' langsamer gehen. Eine Person in S' hingegen würde natürlich ebenfalls das eigene System als Ruhesystem bezeichnen, die Zeit geht dann im System S langsamer. Dieses scheinbare Paradoxon löst sich auf, wenn man sich klarmacht, dass auch die Definition der Gleichzeitigkeit vom Bezugssystem abhängig ist. Betrachten wir dazu einen Zug, der mit hoher Geschwindigkeit an einem Beobachter vorbeifährt. In einem bestimmten Moment wird in der Mitte des Zuges ein Lichtblitz ausgelöst, der sich mit Lichtgeschwindigkeit zu beiden Enden des Zuges bewegt. Die dort postierten Passagiere A und B stimmen überein, dass der Lichtblitz sie gleichzeitig erreicht hat. Ganz anders der Beobachter auf dem Bahnsteig: Da der Zug sich mit hoher Geschwindigkeit bewegt, muss der Lichtblitz zur Spitze des Zuges einen viel weiteren Weg zurücklegen als zu seinem Ende, sodass er das Zugende wesentlich früher erreicht. Dies bedingt, dass ein Vergleich des Zeitverlaufs in zwei Bezugssystemen stets eines auszeichnet, da nämlich die Zeit in beiden Bezugssystemen gleichzeitig gemessen werden muss und ebendiese Gleichzeitigkeit vom System abhängt.

Viele Diskussionen entbrennen auch um ein ähnliches Gedankenexperiment, das sogenannte Zwillingsparadoxon. Hierbei fliegt ein Zwilling mit hoher Geschwindigkeit zu einem fernen Stern und kehrt anschließend zurück. Der andere Zwilling verbleibt hingegen auf der Erde. Die Frage ist, welcher Zwilling mehr gealtert ist, wenn beide schließlich wieder vereint werden. Aus der Sicht des auf der Erde verbliebenen ist das klar er selbst. Im Bezug auf den Raumfahrer hingegen könnte man schließen, dass der erdgebundene Bruder weniger gealtert ist, da er sich relativ zur Rakete mit hoher Geschwindigkeit bewegt hat. Dies lässt jedoch außer Acht, dass die Zwillinge sich keineswegs in einer symmetrischen Situation befinden, da der Raumfahrer zwischendurch einem Beschleunigungs- und Abbremsvorgang unterliegt und sein Bruder nicht. Bezieht man dies in die Rechnung mit ein, so findet man immer eine schnellere Alterung des auf der Erde verbleibenden Zwillings.

2. Wie verändert man die Lichtgeschwindigkeit?

Relativistische Effekte spielen im täglichen Leben kaum eine Rolle, da die Lichtgeschwindigkeit sehr groß ist. Dies ist wohl auch der Grund, dass die spezielle Relativitätstheorie erst im 20. Jahrhundert aufgestellt wurde und anfangs auf großen Widerstand stieß und erbitterte Auseinandersetzungen selbst zwischen Nobelpreisträgern auslöste [1]. Inzwischen ist sie aber wohletabliert und wie oben beschrieben auch experimentell untermauert.

Es stieß deshalb auf großes Interesse, als 1999 ein Artikel in der britischen Zeitschrift »Nature« erschien, in dem von einer experimentellen Reduktion der Lichtgeschwindigkeit auf etwa 60 km/h berichtet wurde, was, wie die Autoren bemerkten, langsamer sei als ein Radrennfahrer [2]. Der Nachweis war der in den USA lebenden dänischen Physikerin Lene Hau und ihrer Gruppe am Rowland-Institut in Cambridge, Massachusetts, gelungen.

Das große öffentliche Interesse ist wohl unter anderem auf Spekulationen zurückzuführen, ob demnächst auch beim Radfahren relativistische Effekte beobachtbar wären. Bei näherem Nachdenken muss dies aber negiert werden, da relativistische Effekte in der Nähe der *Vakuumlichtgeschwindigkeit* auftreten, die im erwähnten Experiment nicht angetastet wurde. Trotzdem ist die Reduzierung der Lichtgeschwindigkeit um einen Faktor von 20 Millionen eine erstaunliche Leistung, die nur durch aufwendige Experimentierkunst erreicht werden konnte. So benötigte der Versuch beispielsweise Temperaturen unterhalb eines Mikrokelvins, d.h. kälter als im Weltraum und in unmittelbarer Nähe des absoluten Nullpunkts, bei dem keinerlei Wärmebewegung mehr stattfindet. Solche Temperaturen lassen sich nur unter großem Aufwand im Ultrahochvakuum erreichen. An der Luft würde ein jedem Brillenträger wohlbekanntes Phänomen auftreten: Bringt man ein kaltes Objekt in einen warmen Raum, so schlägt sich Luftfeuchtigkeit darauf nieder und kann sogar gefrieren. Im Falle ultratiefer Temperaturen schlägt sich auch die Raumluft als Flüssigkeit oder »Eis« auf dem kalten Objekt nieder, was das Experiment unmöglich machen würde.

Wie kann man nun die Lichtgeschwindigkeit verringern? Es geht, wie bereits erwähnt, um die Lichtgeschwindigkeit im Medium c_{Med}, die niedriger ist als die Vakuumlichtgeschwindigkeit. Jedes Medium wird charakterisiert durch seinen Brechungsindex n, der Auskunft über die sogenannte Brechkraft des Mediums gibt, d.h. wie stark ein unter einem Winkel eindringender Lichtstrahl abgelenkt wird. Mithilfe des Brechungsindex lässt sich aber auch die Lichtgeschwindigkeit ausdrücken als

$$c_{Med} = \frac{c}{n}. \tag{5}$$

Hiermit scheint sich das oben beschriebene Experiment darauf zu reduzieren, ein Medium mit einem Brechungsindex von 20 Millionen zu finden. Dies ist jedoch unmöglich, da Brechungsindizes i.A. in der Größenordnung von 1 liegen und sicher keine Werte größer als 10^6 annehmen. Zudem könnte das Licht in ein solches Medium gar nicht eindringen, sondern würde an der Grenzfläche quasi vollständig reflektiert. Die Reflexion an einer Grenzfläche wird durch die sogenannten Fresnelschen Formeln beschrieben und ist beispielsweise für senkrechten Einfall gegeben durch

$$I_{reflektiert} = \left(\frac{n_2 - n_1}{n_2 + n_1}\right)^2 I_{einfallend}, \tag{6}$$

wobei $I_{reflektiert}$ die Intensität des reflektierten und $I_{einfallend}$ die Intensität des einfallenden Strahls sind. n_1 und n_2 sind die Brechungsindizes des Mediums links und rechts der Grenzfläche, siehe auch Abb. 7. Ist also n_2 sehr viel größer als n_1, beispielsweise $n_1=1$, $n_2=10^6$, so ist $I_{reflektiert} \approx I_{einfallend}$ und nur ein verschwindend kleiner Anteil des Lichts dringt in das Medium ein.

Zur Absenkung der Lichtgeschwindigkeit auf »Alltagsgeschwindigkeiten« im Bereich unter 100 km/h benötigt man also eine alternative Methode. Zum Verständnis derselben soll zunächst der Unterschied zwischen der Phasen- und der Gruppengeschwindigkeit einer Welle diskutiert werden: Während die Phasengeschwindigkeit v_P die Propagation einer monochromatischen, also einfarbigen, Wellenfront charakterisiert, breitet sich ein Lichtpuls, der aus verschiedenen Farben aufgebaut ist, mit der Gruppengeschwindigkeit v_G aus. Beispielsweise ist Sonnenlicht aus allen Regenbo-

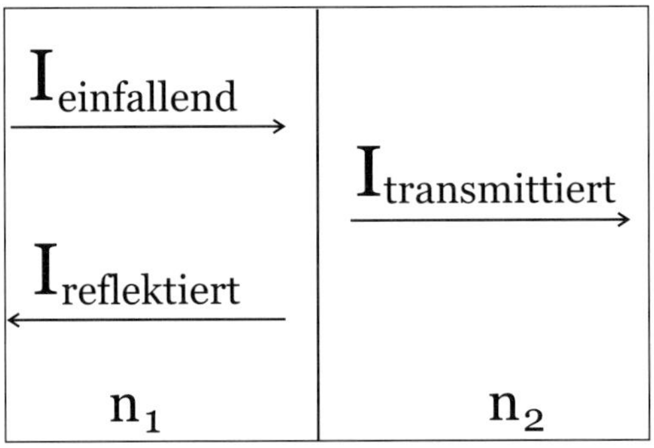

Abb. 7: Einfallender, transmittierter und reflektierter Strahl beim Durchgang eines Lichtstrahls durch eine Grenzfläche.

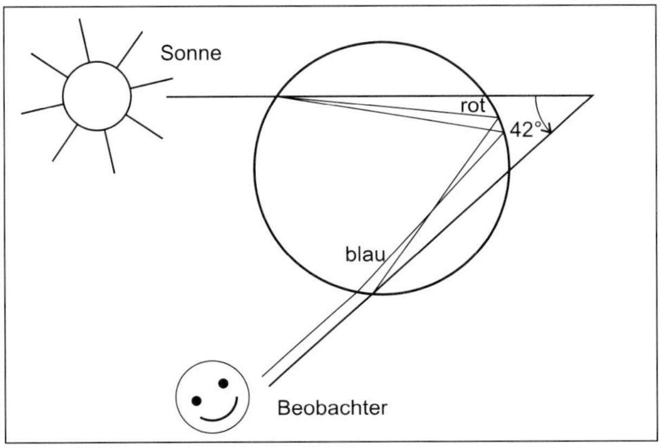

Abb. 8: Reflexion und Brechung von Sonnenlicht in Regentropfen. Das Licht wird bei Ein- und Austritt gebrochen und zudem an der Rückwand des kugelförmigen Tropfens reflektiert. Da Licht verschiedener Farben verschieden stark gebrochen wird, werden dabei die Farben des Sonnenspektrums getrennt und der Beobachter sieht einen Regenbogen..

genfarben aufgebaut, die sich, wie in Abb. 8 gezeigt, durch Reflexion und Brechung in Regentropfen wieder trennen lassen – ein farbenprächtiger Regenbogen wird sichtbar. Phasen- und Gruppengeschwindigkeit sind in Abb. 9 illustriert. Die beiden in (1) gezeigten Wellenzüge überlagern sich zu einer Kette von Maxima und Minima, einer sogenannten Schwebung. Stimmen die Ausbreitungsgeschwindigkeiten der beiden Ursprungswellen nicht überein, so breitet sich die Resultierende mit einer nochmals anderen, der Gruppengeschwindigkeit, aus. Durch Überlagerung von vielen ebenen Wellen kann man einen einzelnen Puls erhalten, der sich entsprechend mit der Gruppengeschwindigkeit v_G fortpflanzt.

Während die Phasengeschwindigkeit im Medium Gl. (5) gehorcht, gilt für die Gruppengeschwindigkeit

$$v_G = \frac{c}{n + f\frac{dn}{df}}, \tag{7}$$

wobei f die Frequenz des Lichts ist. Hierbei ist zu beachten, dass die Brechzahl im allgemeinen frequenzabhängig ist. $\frac{dn}{df}$ ist die Ableitung des Brechungsindex nach der Frequenz, d.h. die Änderung von n mit der Frequenz. Bei starker bzw. schneller Änderung des Brechungsindex kann somit der Nenner in Gl. (7) sehr groß und die Gruppengeschwindigkeit sehr klein werden. Zur Maximierung dieses Effekts muss die gesamte Änderung der Gruppengeschwindigkeit dabei nicht groß, sondern nur genügend schnell sein. Derartige Änderungen erreicht man durch scharfe Reso-

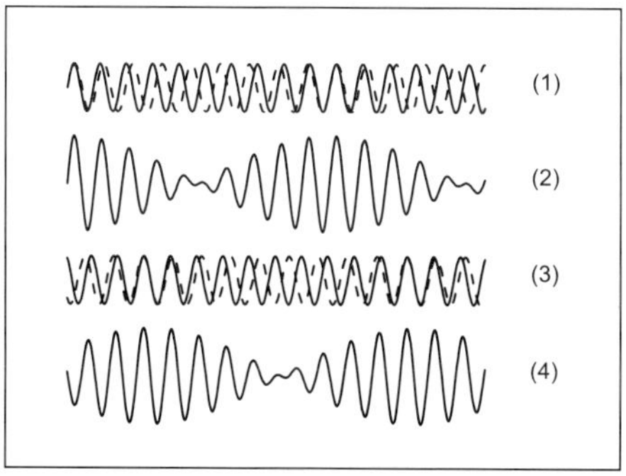

Abb. 9: (1) Überlagerung zweier monochromatischer Wellen zu (2) einer Resultierenden zu einem festen Zeitpunkt t. (3) Monochromatische Wellen zu einem späteren Zeitpunkt $t + \Delta t$ und (4) ihre Resultierende. Die einzelnen monochromatischen Wellenzüge breiten sich mit ihrer (im Medium) mehr oder weniger frequenzabhängigen Phasengeschwindigkeit aus. Daraus ergibt sich dann für die resultierenden Pulse, siehe (2) und (4), eine Gruppengeschwindigkeit, die von der Phasengeschwindigkeit abweichen kann.

nanzen, die i.A. nur bei tiefen Temperaturen auftreten. Genau dies ist der Grund für die im Versuch benötigten und oben bereits erwähnten extrem tiefen Temperaturen.

Hierbei tritt aber noch ein weiteres Problem auf: In Bereichen, in denen sich der Brechungsindex stark ändert, ist in der Regel die Absorption sehr hoch. Deshalb wurden solch starke Verringerungen der Lichtgeschwindigkeit nicht schon wesentlich früher beobachtet, obwohl die theoretischen Grundlagen durchaus bekannt waren. Ein Umgehen der Absorptionsspitze gelingt mithilfe der sogenannten »elektromagnetisch induzierten Transparenz« (electromagnetically induced transparency oder EIT) [3]. Bestrahlung mit einem Koppellaser übernimmt hierbei die Funktion von Harry Potters Tarnumhang und macht eigentlich undurchsichtige Gaswolken transparent und damit unsichtbar. Quantenmechanisch betrachtet geschieht dies durch eine destruktive Kopplung der Übergangswahrscheinlichkeiten, sodass die Absorption verschwindet.

Wie gelang nun der erste Nachweis von langsamem Licht? Benötigt wird zunächst einmal eine genügend scharfe Resonanz, an der sich der Brechungsindex extrem schnell mit der Frequenz ändert. Lene Hau und ihr Team benutzten hierzu einen atomaren Übergang aus dem Spektrum des Natriumatoms, die sogenannte D_2-Linie, die sich bei einer Wellenlänge von 589 nm befindet, der Wellenlänge des typischen gelben Lichts von Natriumdampflampen. Ein Koppellaser diente zur Herstellung der elektromagnetisch induzierten Transparenz, während ein zweiter Laser den zu ver-

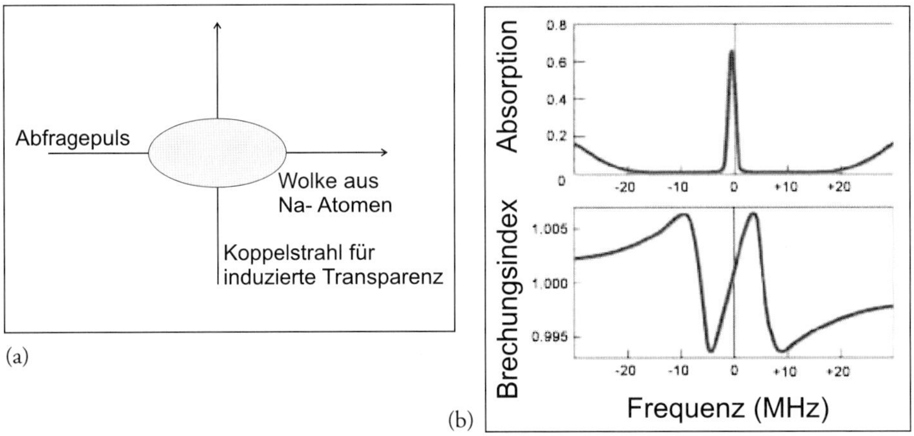

Abb. 10: (a) Stark vereinfachter experimenteller Aufbau zur Verlangsamung von Licht auf eine Geschwindigkeit von etwa 60 km/h in einer Wolke von Natriumatomen, die auf eine Temperatur von nur einigen Nanokelvin heruntergekühlt wurde [2]. (b) Brechungsindex und Absorption der Na-Atome. Die Frequenz des Abfragepulses liegt an einer Stelle, wo sich der Brechungsindex der Natriumatome und damit die Gruppengeschwindigkeit des Lichts stark ändert, siehe Text. Gleichzeitig wäre aber an dieser Stelle auch die Absorption extrem hoch, wenn nicht ein zweiter Laserstrahl, der sogenannte Koppelstrahl, das Medium transparent machen würde. Aus [2].

langsamenden Lichtstrahl aussandte, siehe Abb. 10. Dieser Lichtstrahl durchquerte innerhalb einer gewissen Zeit eine Wolke von Natriumatomen. Aus der Länge der Natriumwolke sowie der Transitzeit lässt sich dann die Lichtgeschwindigkeit im Medium berechnen. Das Ausmessen der Natriumwolke erfolgt mithilfe eines dritten Strahls, der aber nie gleichzeitig mit den beiden anderen angeschaltet wird.

Obwohl beim Radfahren auch in Zukunft keine relativistischen Effekte zu erwarten sind, gibt es doch interessante Anwendungen für langsames Licht. Eine davon ist die optische Zwischenspeicherung von Informationen. Betrachten wir beispielsweise den sogenannten Router, der in der Telekommunikation, wie in Abb. 11 gezeigt, Daten an die korrekte Adresse weiterschickt. Ein Router wird beispielsweise eingesetzt, um Telefongespräche an die gewählte Nummer weiterzuleiten. Da ein Router für eine Vielzahl von Gesprächen zuständig ist, ist eine Zwischenspeicherung notwendig, weil Informationspakete nur seriell, also eins nach dem anderen, weitergeschickt werden können. Der Router bedient also nacheinander eine größere Anzahl von Sprechern, ohne dass diese dies merken, da die Taktung verglichen mit typischen Zeitskalen des menschlichen Ohres sehr hoch ist. Die Zwischenspeicherung erfolgt bisher elektronisch, d.h. ankommende optische Signale werden zunächst in elektronische umgewandelt und gespeichert und vor dem Weiterschicken zurückkonvertiert. Dies limitiert allerdings die Geschwindigkeit der Datenverarbeitung aufgrund der endlichen Konversionsgeschwindigkeit auf etwa 10 Gbit/s. Durch eine optische Zwischenspeicherung ließe sich dies umgehen. Eine Möglichkeit hierzu ist, das Signal durch eine lange Glasfaser zu schicken und allein durch die endliche Lichtgeschwindigkeit eine gewisse Verzögerung zu erreichen. Der Nachteil ist allerdings, dass die Zeitdauer der Verzögerung festgelegt und eine Variation nur durch Veränderung der Länge der Glasfaser, d.h. in der Regel durch einen manuellen Eingriff, erfolgen kann.

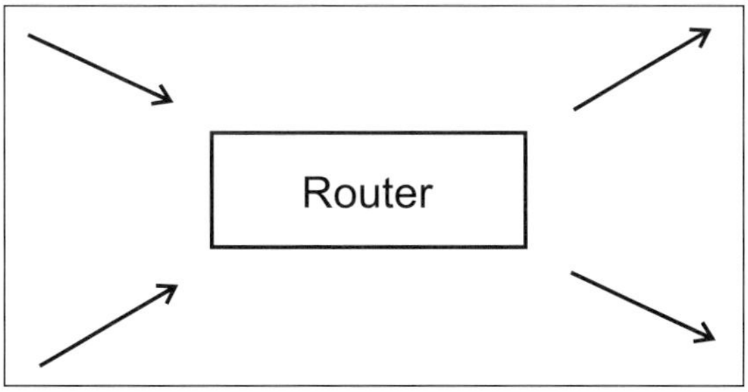

Abb. 11: Schematische Darstellung der Funktion eines Routers, der in der Telekommunikation für das Weiterschicken von Daten an die korrekte Adresse verantwortlich ist. Der Router arbeitet nacheinander verschiedene Datenpakete ab und stellt sie jeweils dem Adressaten zu. Aufgrund dieser seriellen Arbeitsweise ist eine Zwischenspeicherung notwendig, die optisch mithilfe von langsamem Licht möglich wäre.

Die Verwendung von langsamem Licht würde hingegen die Dauer der Verzögerung frei lassen, da sich diese durch Steuerung des Koppellasers modifizieren lässt. So kann beispielsweise durch Ausschalten desselben der Lichtpuls sogar gestoppt und für eine gewisse Zeit in der Gaswolke gefangengehalten werden [4].

Allerdings ist eine Zwischenspeicherung bei Temperaturen unterhalb eines Mikrokelvins natürlich wegen des immensen Aufwands unrealistisch. Die Verlangsamung von Licht muss vor einem echten Nachdenken über Anwendungen aus ihrem Tieftemperaturdasein erlöst werden. Auch ein Übergang vom gasförmigen zum festen Medium wäre vorteilhaft, da die die Gaswolke begrenzenden Magnetfelder dann nicht mehr nötig wären. In beidem wurden nach der anfänglichen Beobachtung von langsamem Licht 1999 relativ schnell Fortschritte gemacht. So berichteten Matsko et al. schon 2001 von einer Verlangsamung von Licht in heißem Rubidiumgas [5]. Etwa zur gleichen Zeit wurde auch im Festkörper eine Lichtgeschwindigkeit von nur 45 m/s erreicht [6]. Die Temperatur betrug 5 K, was zwar immer noch niedrig ist, aber bereits wesentlich leichter zu erreichen als die anfänglich diskutierten Mikro- oder Nanokelvin.

Nur kurze Zeit später, nämlich 2005, gelang zwei Gruppen gar unabhängig voneinander der Nachweis von langsamem Licht innerhalb eine Faser [7, 8, 9]. Da optische Signale sowieso durch Glasfasern übertragen werden, wäre eine Kontrolle der Laufzeit innerhalb der Fasern optimal. Diese kann durch die sogenannte stimulierte Brillouin- oder Ramanstreuung gelingen. Im Experiment propagieren das zu verlangsamende Signal und ein Kontrollpuls, wie in Abb. 12 dargestellt, in entgegengesetzten Richtungen durch die Faser. Der Kontrollpuls resultiert aufgrund der sogenannten Elektrostriktion, d.h. der Tendenz von Materialien, sich im elektrischen Feld zusammenzuziehen, in einer periodischen Dichtevariation und daraus resultierend einer periodischen Variation des Brechungsindex. Ist der Frequenzunterschied zwischen Signal- und Kontrollpuls gleich der sogenannten Brillouin-Frequenzverschiebung,

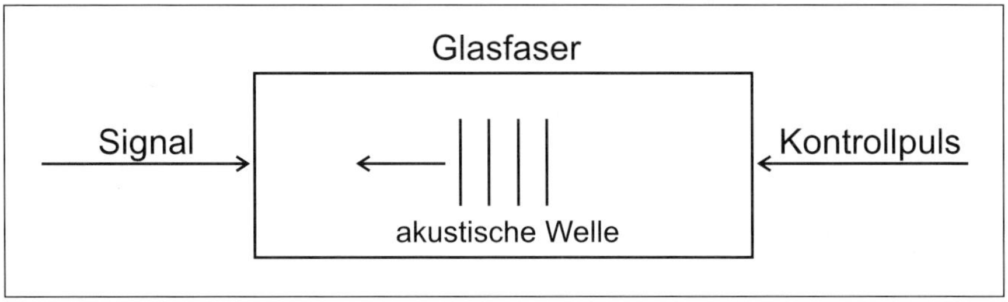

Abb. 12: Abbremsen von Licht in einer Glasfaser. Das zu verlangsamende Signal und ein Kontrollpuls propagieren in entgegengesetzten Richtungen durch die Faser. Der Kontrollpuls induziert Variationen des Brechungsindex im Material, durch die das Signal verlangsamt wird, siehe auch die Erklärung im Text.

die in Standardfasern etwa 11 GHz beträgt, so werden dadurch Schallwellen dieser Frequenz emittiert. Diese transferieren Energie vom höherfrequenten Kontrollpuls zum Signal, das exponentiell verstärkt wird. Gleichzeitig führt die Indexvariation zu einer Verkleinerung der Lichtgeschwindigkeit. Interessanterweise werden für dieses Experiment nur Standardkomponenten benötigt, sodass eine kommerzielle Verwendung gut vorstellbar ist.

3. Schneller als das Licht?

Bei genauerer Betrachtung von Gl. (7) fällt auf, dass für negative Steigungen des Brechungsindex der Nenner auch beliebig klein werden kann, was in einer *Erhöhung* der Gruppengeschwindigkeit resultieren müsste. Auch diese wurde experimentell bereits nachgewiesen und beruht im Grunde auf den gleichen Prinzipien wie das Abbremsen von Licht, jedoch auf der Nutzung einer anderen Resonanz.

Der theoretische Hintergrund der Lichtbeschleunigung ist seit langem bekannt. Aufgrund der grundlegenden Bedeutung der Lichtgeschwindigkeit und ihrer Konstanz in allen Bezugssystemen wird auch schon viele Jahre lang intensiv an einer Realisierung gearbeitet. Viele der beschriebenen Experimente kranken jedoch daran, dass der Puls im Experiment stark verzerrt wird und somit nicht eindeutig feststellbar ist, ob wirklich eine Erhöhung der Lichtgeschwindigkeit vorliegt.

Im Jahr 2000 wurde aber in der britischen Zeitschrift ›Nature‹ ein eindeutiges Experiment beschrieben [10]. Es beruht auf der Nutzung einer atomaren Resonanz in Caesiumdampf. Um den benötigten Verlauf des Brechungsindex zu erhalten, muss das System optisch angeregt und in das Regime der sogenannten „optischen Verstärkung" gebracht werden. Der Brechungsindex für die Gruppengeschwindigkeit $n_G = n + f\frac{dn}{df}$ sinkt dann auf einen Wert unterhalb der 1 und kann sogar negativ werden. Gemessen wurde beispielsweise ein Wert von n_G=-310, was die Gruppengeschwindigkeit so weit absenkt, dass ein Lichtpuls noch vor seinem Eintritt in die Dampfzelle diese wieder verlässt.

Die Gruppengeschwindigkeit des Lichts lässt sich also quasi beliebig erhöhen. Dieses allerdings sorgte schon vor einem Jahrhundert für intensive Diskussionen, setzt doch die Relativitätstheorie voraus, dass die Vakuumlichtgeschwindigkeit die höchste existierende Geschwindigkeit ist. Gl. (2) sowie Gl. (3) werden offenbar für Geschwindigkeiten oberhalb der Lichtgeschwindigkeit ($v > c$) sinnlos, da dann ein negativer Wert unter der Wurzel auftaucht, Länge und Zeit mithin imaginär werden. Aus der Relativitätstheorie kann man außerdem bei einer Ausbreitung von Informationen mit Überlichtgeschwindigkeit Beispiele einer Vertauschung von Ursache und Wirkung konstruieren. Wie lassen sich diese Paradoxa lösen?

Die Antwort liefert ein genauerer Blick auf den Begriff der Signal- oder Informationsgeschwindigkeit. Im heutigen Computerzeitalter ist Information und deren Kodierung in aller Munde. Die einfachste Information ist hierbei ein einzelnes Bit, d.h. eine 1 oder 0. Mithilfe der binären 1/0-Kodierung lassen sich alle Informationen, beispielsweise auch Texte beliebiger Länge, darstellen. Binäre Sequenzen für die Übertragung von Buchstaben und Satzzeichen sind beispielsweise im ASCII-Code (American standard code for information exchange) festgelegt. Übertragung von Information reduziert sich somit auf die Übertragung einer Sequenz von Einsen und Nullen.

Eine Eins oder Null lässt sich optisch beispielsweise durch ‚Licht an' oder ‚Licht aus' kodieren. Die Übertragung einer Eins und damit die gesamte Informationsübertragung basiert also auf der Propagation einer Stufe in der Lichtintensität. Sommerfeld wies bereits 1914 darauf hin, dass die Geschwindigkeit eines Rechteckpulses mathematisch immer kleiner oder gleich der Vakuumlichtgeschwindigkeit ist [11]. Dies hängt damit zusammen, dass man zur Erzeugung einer steilen Stufe ein weites Spektrum von Frequenzen oder Farben zusammenmischen muss und die Brechungsindexänderung nicht für alle diese Frequenzen groß sein kann.

Experimentell lässt sich dies inzwischen ebenfalls illustrieren. Hierzu muss man bedenken, dass die Verwendung von ‚Licht an' bzw. ‚Licht aus' nur bei einer konstanten Signalgeschwindigkeit sinnvoll ist, da der Empfänger wissen muss, wann das Signal hätte kommen sollen, um eine Null zu erkennen. Bei einer Variation der Lichtgeschwindigkeit und damit der Signallaufzeiten ist ein sogenanntes selbsttaktendes Signal besser, beispielsweise ein Puls, der immer bis zu einer bestimmten Höhe anwächst, um dann entweder steil anzusteigen (Eins) oder ebenso steil abzufallen (Null). Ein solcher Puls wurde in Ref. [12] auf Überlichtgeschwindigkeiten beschleunigt. Hierbei zeigte sich, dass zwar die anfängliche Pulsfront »schneller als das Licht« ankommen konnte, die Unterscheidung zwischen ‚Eins' und ‚Null' jedoch stets nur mit Unterlichtgeschwindigkeit möglich war, da der steile Anstieg oder Abfall nicht beschleunigt wurde. In Abb. 15 sind die Messdaten gezeigt, in denen die beschriebenen Effekte deutlich zu sehen sind. Informationen können also nicht auf Überlichtge-

Abb. 13: Typische Signale zur Übertragung einer 1 (Licht an) bzw. einer 0 (Licht aus). Alle Informationen lassen sich auf eine Sequenz von Einsen und Nullen reduzieren und mit dieser Codierung übertragen.

schwindigkeit beschleunigt werden, d.h. die Kausalität ist erhalten und unser heutiges physikalisches Weltbild gerettet.

4. Zusammenfassung

Der Charakter des Lichts war lange ungeklärt. Im 18. Jahrhundert gab es eine intensive Diskussion darüber, ob Licht Wellen- oder Teilchencharakter habe. 1802 entschied dann Thomas Young diese Diskussion zunächst zugunsten des Wellenbilds, indem er Interferenz, also eine typische Welleneigenschaft, anhand des sogenannten Doppelspaltexperiments zeigte. Damit war die Suche nach einem Trägermedium für die Lichtwellen eröffnet, wofür der sogenannte Äther propagiert wurde. Dass sich dieser experimentell trotz intensiver Bemühungen nicht nachweisen ließ, machte die Entwicklung der speziellen Relativitätstheorie nötig, die propagiert, dass Licht sich im Vakuum in jedem Bezugssystem gleich schnell ausbreitet und dass Informationen

1914. № 10.

ANNALEN DER PHYSIK.

VIERTE FOLGE. BAND 44.

1. ***Über die Fortpflanzung des Lichtes in dispergierenden Medien;***
von A. Sommerfeld.

§ 1. Einleitung und Ergebnisse.

Die vorliegende Untersuchung, über deren Resultate ich schon auf der Dresdener Naturforscherversammlung[1]) berichtet habe, ist ein gekürzter Abdruck einer Abhandlung, die in der Festschrift zum 70. Geburtstage von Heinrich Weber veröffentlicht ist.[2]) Den Anlaß zu ihrer Neubearbeitung bildete die nachfolgende Untersuchung von Hrn. L. Brillouin, der die hier benutzten Methoden (komplexe Integrationswege) erfolgreich weiter ausgebildet hat.

Wenn in der Überschrift von der Fortpflanzung des „Lichtes" die Rede ist, so muß vorab betont werden, daß wir nicht von *natürlichem* (polarisiertem oder unpolarisiertem) Licht handeln werden, wie es durch *wirkliche* Lichtquellen unter Zuhilfenahme von *wirklichen* Polarisations- oder Dispersionsvorrichtungen erzeugt werden kann. Solches Licht besteht immer aus vielen, nur ihrer mittleren Intensität nach kontrollierbaren Wellenzügen. Demgegenüber werden wir einen genau definierten speziellen Schwingungsvorgang als auffallendes Licht zugrunde legen, bestehend aus einer regelmäßigen Folge unter sich gleicher Sinusschwingungen. Wäre derselbe beiderseits unbegrenzt, so würde eine Fortpflanzungsgeschwindigkeit sich überhaupt nicht definieren lassen. Da das einzige Merkmal bei einer unbegrenzten Schwingungsfolge die jeweilige Phase ist, so könnten wir nur die Phase im auffallenden Licht der entsprechenden Phase in einer gewissen Tiefe des durchlaufenen Mittels zuordnen. Wir kommen dadurch zum Begriff der

1) Unter dem Titel: Ein Einwand gegen die Relativtheorie der Elektrodynamik und seine Beseitigung (Phys. Zeitschr. 8. p. 841. (1907) und Beiblätter 33. p. 418).

2) Leipzig 1912, bei B. G. Teubner.

Annalen der Physik. IV. Folge. 44. 12

Abb. 14: Veröffentlichung von Arnold Sommerfeld, in der er bereits im Jahre 1914 diskutiert, warum eine Erhöhung der Lichtgeschwindigkeit auf Werte oberhalb der Vakuumlichtgeschwindigkeit c kein Widerspruch zur Relativitätstheorie ist. Aus [11], Copyright Wiley-VCH Verlag GmbH & Co. KGaA. Abdruck mit freundlicher Genehmigung des Verlags.

nicht mit Überlichtgeschwindigkeit ausgetauscht werden können. Sie sagt jedoch nichts aus über eine Mindestgeschwindigkeit von Licht im Medium. Dass diese quasi beliebig gesenkt werden kann, zeigte erstmals Lene Hau mit ihrer Arbeitsgruppe 1999 in Natriumdampf, wo sie eine Lichtgeschwindigkeit von etwa 60 km/h erreichte. Inzwischen gibt es viele wesentlich einfacher zu realisierende Nachfolgeexperimente sowie potentielle Anwendungen unter anderem im Bereich der Telekommunikation. Es ist auch möglich, Licht anzuhalten oder gar auf Überlichtgeschwindigkeit zu beschleunigen. Hierbei ist jedoch stets das Prinzip gewahrt, dass Informationen nur mit Lichtgeschwindigkeit transmittiert werden können.

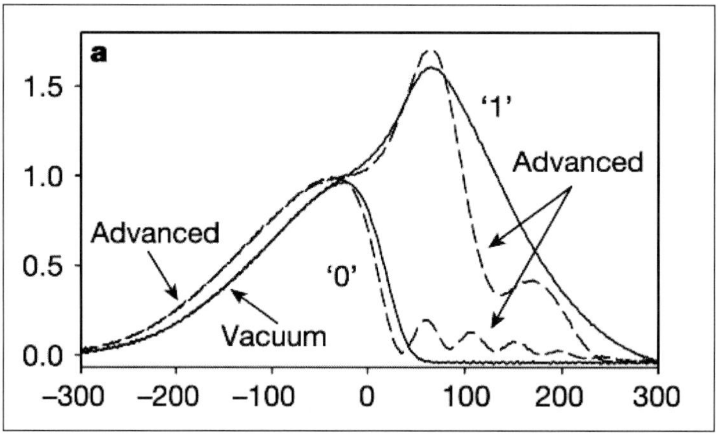

Abb. 15: Beschleunigung eines selbsttaktenden Signals auf Überlichtgeschwindigkeit. Durchgezogen: Puls nach Durchqueren des Vakuums, gestrichtelt: Puls nachDurchqueren derselben Distanz im beschleunigenden Medium. Die anfängliche Steigung wird durch das Medium deutlich avanciert. Der Punkt jedoch, an dem die Unterscheidung zwischen einer 1 und einer 0 möglich wird, ist gegenüber dem Vakuum sogar leicht retardiert. Aus [12].

Literatur

[1] siehe z.B. P. Lenard, *Über Äther und Uräther*, 2. Auflage, Leipzig 1922.

[2] L. V. Hau, S. E. Harris, Z. Dutton, C. H. Behroozi, *Light speed reduction to 17 metres per second in an ultracold atomic gas*, Nature **397**, 594 (18.2.1999).

[3] S. E. Harris, *Electromagnetically induced transparency*, Phyics Today, July 1997, S. 36.

[4] L. V. Hau, *Frozen Light*, Scientific American **285** (1), 66 (2001).
[5] A. B. Matsko et al., Adv. Atom. Mol. Opt. Phys. **46**, 191 (2001).
[6] A. V. Turukhin, V. S. Sudarshanam, M. S. Shahriar, J. A. Musser, B. S. Ham, P. R. Hemmer, *Observation of ultraslow and stored light pulses in a solid*, Phys. Rev. Lett. **88**, 023602 (2002).
[7] M. González-Herráez, Kwang-Yong Song, Luc Thevenáz, *Optically controlled slow and fast light in optical fibers using stimulated Brillouin scattering*, Appl. Phys. Lett. **87**, 081113 (2005).
[8] Y. Okawachi, M. S. Bigelow, J. E. Sharping, Z. Zhu, A. Schweinsberg, D. J. Gauthier, R. W. Boyd, A. L. Gaeta, *Tunable all-optical delays via Brillouin slow light in an optical fiber*, Phys. Rev. Lett. **94**, 153902 (2005).
[9] D. Gauthier, *Slow light brings faster communication*, Physics World, Dezember 2005, S. 30.
[10] L. J. Wang, A. Kuzmich, A. Dogariu, *Gain-assisted superluminal light propaga tion*, Nature **406**, 277 (20.7.2000).
[11] A. Sommerfeld, *Über die Fortpflanzung des Lichtes in dispergierenden Medien*, Annalen der Physik, Band 349, Heft 10, S. 177 (1914).
[12] M. D. Stenner, D. J. Gauthier, M. A. Neifeld, *The speed of information in a ‚fast light' optical medium*, Nature **425**, 695 (16.10.2003).